ROBERTO BOMBASSEI

"È UN POSTO AMICHEVOLE L'UNIVERSO?"

ROBERTO BOMBASSEI

"È UN POSTO AMICHEVOLE L'UNIVERSO?"

Titolo :" "È un posto amichevole l'universo?"
Autore: Roberto Bombassei
Copyright by Roberto Bombassei Giugno 2018

"NON SI VOLTA CHI A STELLE È FISSO"

LEONARDO DA VINCI

DUE PAROLE DALL'AUTORE

È stato un piacere scrivere questa mia pubblicazione.

È stato un onore aver potuto passare, chiaramente solo con la fantasia, del tempo con Albert Einstein e Stephen Hawking.

E' stato un piacere indagare e capire l'universo.

È stato un lavoro difficile. Tratta di fisica teorica ,cosmologia, scienza e Dio.

Mi ero posto fin dall'inizio di utilizzare in questo colloquio immaginario tra me e i due fisici le parole, le frasi ed i pensieri che entrambi hanno usato in vita, da me estrapolate dopo un incredibile lavoro di studio delle loro pubblicazioni, delle loro interviste, dei loro video.

Spero che leggendo questa pubblicazione anche Voi, come me, alzerete i vostri occhi al cielo per essere rapiti dall'incredibile bellezza del cosmo.

Buona lettura

Roberto Bombassei

LEGENDA

RB: ROBERTO BOMBASSEI

Roberto Bombassei – È un posto amichevole l'universo?

AE: ALBERT EINSTEIN

SH: STEPHEN HAWKING

Mi trovo al confine tra Svizzera e Francia, precisamente alla periferia ovest della città di Ginevra , nel comune di Meyrin. Dove sono? All'Organizzazione Europea per la Ricerca Nucleare, comunemente conosciuta con la sigla CERN.

È il più grande laboratorio al mondo di fisica delle particelle.

Sono stato invitato dal Dott.Tim Berners-Lee, il creatore del World Wide Web, nato proprio al CERN nel 1989.

Per chi non lo sapesse il "w.w.w. "nacque come progetto marginale nel 1980, chiamato ENQUIRE e basato sul concetto dell'ipertesto (anche se Berners-Lee ignorava ancora la parola ipertesto).

Aveva lo scopo di scambiare efficientemente dati tra chi lavorava a diversi esperimenti.
Successivamente fu introdotto al CERN con il progetto World Wide Web, il primo browser sviluppato sempre da Berners-Lee.

Inoltre Tim Berners-Lee sviluppò le infrastrutture che servono il Web, cioè il primo server web.

Dal 30 aprile 1993 il World Wide Web sarebbe diventato libero per tutti.

Conobbi Tim Berners alcuni anni fa durante un mio spettacolo in Svizzera e da allora i nostri rapporti viaggiano per via elettronica.

Avevo voglia di vedere il Large Hadron Collider (LHC), messo in funzione il 10 settembre 2008 e gli esperimenti collegati.

L'LHC o acceleratore, come comunemente conosciuto, è situato all'interno dello stesso tunnel circolare di 27 km di lunghezza in precedenza utilizzato dal LEP , che non è più operativo dal novembre 2000 .

Il complesso di acceleratori del CERN viene utilizzato per pre-accelerare gli adroni (protoni o ioni di piombo) che in seguito vengono immessi nell'LHC.

Il tunnel si trova a circa 100 m di profondità, in una regione compresa tra l'aeroporto di Ginevra e il massiccio del Giuria.

Cinque diversi esperimenti (CMS,ATLAS,ALICE,LHCB,TOTEM) sono attualmente in funzione, ognuno dei quali studia le collisioni tra particelle con metodi diversi, facendo uso di tecnologie differenti.

Al momento della collisione, l'energia dei protoni all'interno dell'LHC raggiunge valori che saranno gradualmente innalzati fino a 14 TeV.

L'acceleratore necessita di un fortissimo campo magnetico per mantenere il fascio nella traiettoria dei 27km e a tal fine viene utilizzata la tecnologia dei magneti superconduttori.

La progettazione dell'LHC ha richiesto una precisione straordinaria, tanto da rendere necessario tenere conto dell'influenza della forza di attrazione gravitazionale esercitata dalla luna sulla crosta terrestre e dei disturbi elettrici provocati dal passaggio dei treni in superficie ad un chilometro di distanza.

Fantastico non trovate?

Il dott. Berners mi accoglie con il suo sorriso.

Mi invita a seguirlo.

Prendiamo un ascensore.

Scendiamo.

Meno uno, meno due, meno tre, meno quattro.... va velocissimo, d'altronde non potrebbe essere altrimenti un ascensore del Cern....

Si aprono le porte.

Il bianco dei muri riflette la luce in maniera accecante.

Laboratori a destra, laboratori a sinistra.

Davanti a me l'ingresso di una camera.

"Vuoi essere parte di un esperimento, Roberto?"- Mi propone il Dott.Berners.

"Che tipo di esperimento?"

"Per dirla in maniera semplice, pensi chi vorresti incontrare, e poi lo incontri..."

Sorrido.

Non è facile decidere su due piedi.
Ma la mia naturale curiosità ....

"Sono venuto a Ginevra per curiosità..ma si,perché non farlo? "

"Hai deciso dove vuoi andare e chi incontrare?"

"Visto che siamo al Cern, il posto più futuristico e scientifico al mondo, mi piacerebbe incontrare in un colpo solo due miei miti della scienza...."

"Li incontrerai."

Con un cenno degli occhi mi dice seguirlo.

Davanti a me una stanza completamente bianca.

Una grande lampada sul soffitto.

Sembra una sala operatoria... una sedia metallica al centro e su di essa qualcosa di simile ad un casco.

"Entra pure Roberto. Vivrai una delle esperienze più

interessanti della tua vita"

Ci salutiamo con un abbraccio.

Sono pronto.

Entro.

Sto pensando se veramente incontrerò due miti della scienza del xx secolo.

Allaccio il casco.

Tutto è pronto.

Sto per partire.

"Esistono altre dimensioni oltre alle tre spaziali e a quella temporale, come previste da vari modelli di teoria delle stringhe?"
".... Edoardo.....Francesca...Annalisa"

Pensieri.

Inizia il countdown

10,9,8,7,6,5,4,3,2,1....

Il più grande acceleratore di particelle al mondo ha preso a funzionare.

La stanza diventa completamente buia.

Sotto ai miei piedi si apre un vortice di mille colori.

Sono dentro al vortice.

Sono velocissimo.
Sono super velocissimo.
Miliardi di luci intorno a me.
Sento il mio corpo sottilissimo, come uno spaghetto.
Sento il mio corpo rompersi in milioni di milioni di milioni di piccoli pezzi.... oddio.... ci sono, ma non esisto.
Ci sono, ma non mi vedo....
ci sono, ci sono...forse....... oddio sono dentro in un tunnel spaziotemporale...
oddiooooo...un altro tunnel......poi di colpo...
Stop.
Si ferma tutto. Ritorno ad essere me stesso.

Il buio sparisce.

Sono arrivato.

"Non ci posso credere, sono effettivamente arrivato!"

"Allora il famoso esperimento di Philadelphia non era una bugia..."
Mi trovo in una delle più antiche Università del mondo, all'Università di Cambridge.

L'Università di Cambridge è la seconda più vecchia delle Università del Regno Unito dopo quella di Oxford e la quarta in Europa.

È considerata fra i migliori centri universitari britannici e mondiali;
ospita quasi 20000 studenti e più di 5000 fra ricercatori e professori.

Gli studenti ed i ricercatori di Cambridge sono stati fautori di alcune delle più importanti rivoluzioni e scoperte scientifiche, tra le quali: il metodo scientifico di Bacone, i principi della dinamica di Newton, lo sviluppo della termodinamica, la scoperta dell'elettrone fatta da Thomson, l'unificazione delle leggi dell'elettromagnetismo di Maxwell, la scoperta dell'idrogeno, la teoria dell'evoluzione di Darwin, la struttura del Dna .

"Non ci posso credere..."

Mi guardo intorno.

Che posto incantevole.

Sento alle mie spalle passi veloci, passi di persone che corrono.

E ridono.
Mi giro. Sono stupito. "Ma come fa a far andare a gran velocità quella sedia a rotelle?"

"Ma non ci posso credere!"

Di fianco a lui, correndo, con la lingua in fuori e sorridente come non mai, un uomo con i capelli bianchi tagliati, come affermava sempre lui , "in stile trasandato".

Senza calze, come amava lui.

Diceva sempre *"Sono arrivato a un'età in cui non sono più costretto a mettere i calzini, anche se mi si dice di farlo. Perché questo? Perché da ragazzo, ho scoperto che l'alluce finisce sempre col fare un buco nei calzini. Quindi ho smesso di mettere i calzini."*

AE: "Eccoci caro Roberto. Come tu hai desiderato."

Amici, davanti a me, come non avrei mai immaginato, prima di entrare in quella stanza particolare del Cern, due miei miti.

Albert Einstein e Stephen Hawking.

Forse per la prima volta insieme.

SH: "No Roberto, siamo già stati insieme. Lo sai che esiste l'antimateria.Sulla terra eravamo separati, in un'altra dimensione eravamo uniti.
Oggi sappiamo che ogni particella ha un'antiparticella, nell'incontro con la quale può annichilarsi. (Nel caso delle particelle portatrici di forze, le antiparticelle sono identiche alle particelle stesse.)

Potrebbero esistere interi anti-mondi e anti-persone composti da anti-particelle.

Se però incontri il tuo anti-io non stringergli la mano!

Svanireste infatti entrambi in un grande lampo di luce.

AE: "Allora caro Roberto è nato prima il Dna o le particelle?".

RB: "Secondo me, Dott. Einstein è nato prima il ribozima, la molecola di Rna..."

SH: "Te lo avevo detto Alby che la sapeva..."

AE: "Come mai nessuno mi capisce e tutti mi amano?
Con la fama divento sempre più stupido, un fenomeno che ovviamente è molto comune"

Ridono entrambi.

AE: "... Anche se cerco di avere un pensiero universale, sono europeo per istinto e per inclinazione..."

AE: "Sono proprio un viaggiatore solitario... mai mi sono sentito appartenere né alla patria né agli amici e neppure ai parenti più stretti.

Anzi, di fronte a questi legami ho sempre avuto la sensazione netta di essere un estraneo e ho provato il bisogno della solitudine.

Nella vita quotidiana sono il classico solitario, ma la consapevolezza di appartenere alla comunità invisibile di quelli che lottano per la verità, per la bellezza e per la giustizia mi ha risparmiato ogni sensazione di isolamento.

RB:" La capisco... anch'io amo la solitudine... è la mia forza creativa!"

AE:" Cento volte al giorno mi viene in mente che la vita interiore ed esteriore dipende dalle fatiche dei miei contemporanei e da quelle dei loro predecessori e che io devo sforzarmi di ricambiare in ugual misura ciò che ho ricevuto e ancora ricevo...

Non riuscirei a vivere, se non avessi il mio lavoro... per fortuna sono già vecchio e non credo che mi aspetti un lungo futuro. E poi perché preoccuparsi del futuro, arriva sempre abbastanza presto!"

SH: "Ma perché sei cocciuto come un mulo ma hai il fiuto di un buon segugio! "

AE: "Esule in paradiso! Ecco cosa sono!"

Rido.

AE:" Ti sorprende non è vero? Il contrasto tra la mia fama in tutto il mondo e l'isolamento e la quiete in cui vivo a Princeton.

Ho desiderato l'isolamento per tutta la vita e l'ho finalmente ottenuto.

Assomiglia al delizioso parco della villa reale di Laeken.

In questa piccola città universitaria, le caotiche voci delle contraddizioni umane si odono appena.

Quasi mi vergogno a vivere in tanta pace mentre altri lottano e soffrono."

RB:" È come stare nello spazio infinito dell'universo, non crede?"

AE:" Si, è proprio così"

RB: "Leonardo Da Vinci, il maestro del Rinascimento, ha con il suo lavoro espresso il concetto che per creare bisogna conoscere le forme e le leggi dei fenomeni.

Nei suoi manoscritti giunti a noi scrisse: *"naturalmente li omini boni desiderano sapere"*, intendendo il fatto di informarsi, essere curiosi.

AE: "Beh, aveva perfettamente ragione.
Vedi Roberto io non ho particolari talenti, sono solo appassionatamente curioso.

Il mio lavoro scientifico è motivato dal desiderio irresistibile di capire i segreti della natura e da nessun altro sentimento.

Il mio amore per la giustizia e la lotta per contribuire ad un miglioramento della condizione umana sono totalmente distinti dai miei interessi scientifici.

Mi basta meravigliarmi davanti ai segreti della natura.

La curiosità è una piantina delicata che, a parte gli stimoli, ha bisogno soprattutto di libertà.

Quando andavo a scuola era soltanto in matematica e in fisica che, studiando da solo, ero molto avanti rispetto al programma scolastico, e anche in filosofia per quello che c'entrava con il programma.

Se dovessi riflettere su di me e sui miei metodi intellettuali, mi sembra quasi che il dono della fantasia mi sia servito più della capacità di impadronirmi della conoscenza assoluta."

RB:" Il suo famoso esperimento mentale."

AH:" Non bisogna considerare mai lo studio come un dovere, ma come un'occasione invidiabile di imparare a conoscere l'effetto liberatorio della bellezza spirituale, non solo per il vostro proprio godimento, ma per il bene della comunità alla quale appartiene la vostra opera futura."

RB: "Anche Leonardo disse una cosa simile... *siccome mangiare sanza voglia si converte in fastidioso notrimento, cosi' lo studio senza desiderio guasta la memoria, c ol non ritenere cosa, c h'ella pigli.*"

AE: "Esatto. La scuola deve formare delle persone capaci di agire e pensare autonomamente e insieme di vedere nel servizio della comunità il massimo obiettivo della propria vita.

Deve far in modo che un giovane ne esca con una personalità armoniosa e non ridotto ad uno specialista. Altrimenti quel giovane, con quella sua specializzazione, somiglierà più che altro a un cane ben ammaestrato.

Ecco dove sta la tara peggiore del capitalismo: nella storpiatura dei singoli individui.

Un atteggiamento esageratamente concorrenziale viene inculcato nello studente per prepararlo alla futura carriera: lo si abitua a venerare il successo.

RB: "Cosa la motivava?"

AE:" La ricchezza e la felicità non mi sono mai apparse come la meta assoluta (sarebbe una morale che definirei un ideale da porcile).

Gli ideali che hanno illuminato la mia strada e mi hanno sempre dato il coraggio di affrontare la vita con allegria sono stati gli affetti, la bellezza e la verità.

Condividere le gioie e le sofferenze degli altri, questo deve guidare l'uomo.

E' singolare la situazione sulla terra . Ognuno di noi e' qui per una breve visita , non sa il perché, ma a volte sembra scorgere uno scopo.

RB:" Beh parlando tra noi... sembra di sì..."

SH: "Per milioni di anni gli uomini vissero come animali. Poi qualcosa accadde che scatenò il potere della nostra immaginazione. Imparammo a parlare."

AE: "Beh tu imbrogli su questo..."

SH: "AHAHAH....Quando ho costruito una frase, posso inviarla al mio sintetizzatore vocale.
Uso un sintetizzatore hardware separato, realizzato da Speech Plus. È il migliore che abbia mai sentito, anche se mi dà un accento che è stato descritto in vari modi, come scandinavo, americano o scozzese".

AE: "Però hai mantenuto l'accento americano..."

SH:" Sì, è protetto da copyright in realtà. Avrei potuto cambiare l'accento del mio computer quando la tecnologia è progredita, ma ho deciso di non farlo.
Il mio vecchio sistema funzionava bene e ho scritto 5 libri con esso, incluso "A Brief History of Time".
È diventato il mio segno distintivo e non lo cambierei per una voce più naturale con accento inglese. Mi è stato detto che i bambini che hanno bisogno di una voce computerizzata ne vogliono una come la mia".

AE: "Le parole e la lingua, così come si scrivono e si parlano, non sembrano avere alcun ruolo nei miei processi mentali."

RB: "Le persone silenziose sono quelle che hanno le menti più rumorose. "

AE: "Non ho dubbio che il nostro pensiero proceda per lo più senza usare le parole e oltretutto in grandissima parte in modo inconscio.

Altrimenti perché ci ritroveremmo a meravigliarci spontaneamente di qualche esperienza? Questo "meravigliarsi" sembra accadere quando un'esperienza entra in conflitto con un mondo di concetti che sono già abbastanza fissati in noi.
La natura nasconde i propri segreti perché è sublime non perché imbroglia.

SH: "Interessante Alby... ci penzerò un po'" - (imitando la pronuncia di Albert")

RB: "Che cosa sappiamo circa l'universo, e come siamo arrivati a saperlo? Da dove sorse l'universo, e dove andrà a finire?
Ebbe l'universo un principio, e, se così fu a cosa successe in precedenza? Qual è la natura del tempo? Arriverà un giorno questo ad una fine?

SH:" Progressi recenti della fisica, possibili in parte grazie a fantastiche nuove tecnologie, suggeriscono risposte ad alcune di queste domande che ci preoccupano da molto tempo.

Qualche giorno queste risposte potranno sembrarci tanto ovvie come il fatto che la Terra giri attorno al Sole, o, magari, tanto ridicole come una torre di tartarughe.
Solo il tempo, qualunque sia il suo significato, lo dirà.

Già nell'anno 340 A.C. il filosofo greco Aristotele, nel suo libro "Dei Cieli", fu capace di stabilire due buoni argomenti per credere che la Terra era una sfera rotonda invece di una piattaforma piana.

In primo luogo, si rese conto che le eclissi lunari erano dovute al fatto che la Terra si situava tra il Sole e la Luna. L'ombra della Terra sulla Luna era sempre circolare.

Se la Terra fosse un disco piano, la sua ombra sarebbe allungata ed ellittica a meno che l'eclissi si verifichi sempre nel momento in cui il Sole si trovi direttamente sotto al centro del disco."

RB: "Se non erro i Greci sapevano, a causa dei loro viaggi, che la stella Polare appariva più bassa nel cielo quando si osservava dal sud piuttosto che da regioni più a nord.

SH:" Infatti, a partire dalla differenza della posizione apparente della stella Polare tra Egitto e Grecia, perfino Aristotele stimò che la distanza attorno alla Terra era di 400.000 stadi. Non si conosce con esattezza quale valore fosse uno stadio, ma sembra che fosse di circa 200 metri, ciò supporrebbe che la stima di Aristotele era approssimativamente il doppio della lunghezza accettata oggigiorno.

AE: " I Greci avevano perfino un terzo argomento in favore al quale la Terra doveva essere rotonda: perché altrimenti uno vedrebbe prima i pennoni di una barca che si avvicina all'orizzonte, e solo in seguito vedrebbe lo scafo?"

SH:" Aristotele credeva che la Terra fosse ferma e che il Sole, la Luna, i Pianeti e le stelle si muovessero in orbite circolari attorno ad essa.

Credeva ciò perché era convinto, per ragioni mistiche, che la Terra fosse il centro dell'universo e che il movimento circolare fosse il più perfetto.

Questa idea fu ampliata da Tolomeo nel secolo ii D.C. fino a costituire un modello cosmologico completo.

La Terra rimase nel centro, circondata da otto sfere che trasportavano la Luna, il Sole, le stelle ed i cinque pianeti conosciuti in quel tempo: Mercurio, Venere, Marte, Giove e Saturno.

Il modello di Tolomeo rappresentava un sistema ragionevolmente preciso per predire le posizioni dei corpi celesti nel firmamento.

Fu adottato dalla Chiesa cristiana come immagine dell'universo che era in accordo con le Scritture, e che, inoltre, presentava il gran vantaggio di lasciare, dietro la sfera delle stelle fisse, un enorme quantità di spazio per il cielo e per l'Inferno. "

SH:" Un modello più semplice, tuttavia, fu proposto, nel 1514, da un prete polacco, Nicolas Copernico.

Per paura di essere tacciato come eretico dalla sua stessa Chiesa, Copernico fece circolare il suo modello in forma anonima.

La sua idea era che il Sole fosse stazionario nel centro e che la Terra ed i pianeti si muovessero in orbite circolari intorno ad esso.
Passò quasi un secolo prima che la sua idea fosse presa davvero sul serio.

Allora due astronomi, il tedesco Johannes Kepler e l'italiano Galileo Galilei, incominciarono ad appoggiare pubblicamente la teoria copernicana, malgrado le orbite che prediceva non si adattassero fedelmente a quelle osservate.

Il colpo mortale alla teoria aristotelica/tolemaica arrivò nel 1609.

In quell'anno, Galileo cominciò ad osservare il cielo notturno con un telescopio che aveva appena inventato.

Quando guardò al pianeta Giove, Galileo trovò questo accompagnato da vari piccoli satelliti o lune che giravano intorno.

Questo implicava che non tutto girava direttamente attorno alla Terra, come Aristotele e Tolomeo avevano supposto.

Tuttavia, la teoria di Copernico era molto più semplice.

Allo stesso tempo, Johannes Kepler aveva modificato questa teoria, suggerendo che i pianeti non si muovessero in circoli, bensì in ellissi, un'ellisse è un circolo allungato.

Le predizioni si adattavano ora finalmente alle osservazioni.

Kepler, scoprendo, quasi per incidente, che le orbite ellittiche si adattavano bene alle osservazioni, non poté riconciliarli con la sua idea che i pianeti fossero concepiti per girare attorno al Sole, attratti per forze magnetiche.

Una spiegazione coerente fu solo trovata molto più tardi, nel 1687, quando Sir Isaac Newton pubblicò il suo " *Philosophiae Naturalis Principia Mathematica*", probabilmente l'opera più importante delle scienze fisiche edita in tutti i tempi.

In essa, Newton non presentò solo una teoria su come si muovessero i corpi nello spazio e nel tempo, ma sviluppò anche la complicata matematica necessaria per analizzare quei movimenti.

Inoltre, Newton postulò la Legge della Gravitazione Universale, in accordo con la quale ogni corpo nell'universo è attratto da qualunque altro corpo con una forza che è maggiore tanto maggiormente massicci sono i corpi e quanto più vicini sono l'uno all'altro.

Era la stessa forza che rendeva possibile il fatto che gli oggetti cadessero a terra.

AE:" La storia della mela..."

SH:" La storia che Newton fu inspirato da una mela che cadde sulla sua testa è quasi sicuramente apocrifa.

Tutto quello che Newton stesso arrivò a dire fu che l'idea della gravità gli venne quando era seduto "in disposizione contemplativa" , dalla quale "unicamente lo distrasse la caduta di una mela".

Newton passò dopo a mostrare che, d'accordo con la sua legge, la gravità è la causa che la Luna si muova in un'orbita ellittica attorno alla Terra, e che la Terra ed i pianeti seguano percorsi ellittici attorno al Sole.

Newton comprese che, d'accordo con la sua teoria della gravità, le stelle dovrebbero muoversi l'un l'altra, in modo che non sembri possibile che possano rimanere essenzialmente in riposo.

RB:" Non arriverebbe un determinato momento nel quale tutte le stelle si riunirebbero?"

SH:" In effetti nel 1691, in una lettera a Richard Bentley, altro imperturbabile pensatore della sua epoca, Newton argomentava che veramente questo succederebbe se ci fosse solo un numero finito di stelle distribuite in una regione finita dello spazio.

Ma ragionava che, se al contrario, ci fosse un numero infinito di stelle, distribuite più o meno uniformemente su un spazio infinito, ciò non succederebbe, perché non ci sarebbe nessun punto centrale dove agglutinarsi.

RB:" Un dato interessante sulla corrente generale del pensiero anteriore al secolo xx è che nessuno avrebbe mai suggerito che l'universo si stava espandendo o contraendo, giusto?"

SH: "Era generalmente accettato che l'universo era esistito per sempre in un stato immobile, oppure era stato creato, più o meno come l'osserviamo oggi, in un determinato tempo scorso finito.

In parte, questo era dovuto alla tendenza che porta le persone a credere in verità eterne, tanto quanto alla consolazione che ci proporziona la credenza che, benché si invecchi e si muoia, l'universo rimane eterno ed immobile, come in accordo con distinte cosmologie primitive e con la tradizione judeo cristiana musulmana.

Un argomento in favore di un'origine tale fu la sensazione che fosse necessario avere una "Causa Prima" per spiegare l'esistenza dell'universo.

Dentro l'universo, uno spiega sempre un avvenimento come causato da qualche altro avvenimento anteriore, ma l'esistenza dell'universo in sé, potrebbe essere solo spiegata in questa maniera se avesse un'origine.

RB: "Un altro argomento lo diede sant'Agostino nel suo libro *La città di Dio*, quando diceva che la civiltà sta progredendo e che possiamo ricordare chi realizzò questa impresa o sviluppò quella tecnica.

Così, l'uomo, e pertanto magari anche l'universo, non era potuto esistere da molto tempo. "

SH:" Le questioni: se l'universo avesse un principio nel tempo e se fosse limitato nello spazio furono posteriormente vagliate in forma estensiva dal filosofo Immanuel Kant nella sua monumentale, e molto oscura, opera, *Critica della ragione pura*, edita nel 1781.

Egli chiamò queste questioni antinomie, cioè, contraddizioni della ragione pura, perché gli sembrava che ci fossero argomenti altrettanto convincenti per credere tanto alla tesi che l'universo avesse un principio, come all'antitesi che l'universo fosse esistito da sempre.

Il suo argomento in favore alla tesi era, che se l'universo non avesse avuto un principio, ci sarebbe stato un periodo di tempo infinito anteriore a qualunque avvenimento, questo egli lo considerava assurdo.

L'argomento in pro dell'antitesi era che se l'universo avesse avuto un principio, ci sarebbe stato un periodo di tempo infinito anteriore a lui, ed in questo modo, perché dovrebbe incominciare in una volta l'universo in questione?

In realtà, i suoi ragionamenti in favore della tesi e dell'antitesi sono realmente lo stesso argomento.

Ambedue sono basati nella supposizione implicita che il tempo continui all'indietro indefinitamente, tanto se l'universo sia esistito da sempre, quanto se abbia avuto un inizio.

Come vedremo, il concetto di tempo non ha significato prima del principio dell'universo.

Questo era stato già segnalato in primo luogo per sant'Agostino.

AE: "Infatti quando gli fu domandato: " Che cosa faceva Dio prima che creasse l'universo? "
Sant' Agostino rispose: "Stava preparando l'inferno per quelli domandassero tali questioni."

SH:" Disse infatti che il tempo è una proprietà dell'universo che Dio ha creato, e che il tempo non esiste in precedenza, all'inizio dell'universo.

Quando la maggior parte della gente credeva in un universo essenzialmente statico ed immobile, la domanda se questo avesse o no un principio era realmente una questione di carattere metafisico
o teologico.

Potevano spiegarsi altrettanto bene tutte le osservazioni tanto con la teoria che l'universo era esistito sempre, come con la teoria che era stato messo in funzionamento in un determinato tempo finito, di tale forma che sembrasse come esistito da sempre."

AE:" Ma, nel 1929, Edwin Hubble fece l'osservazione cruciale: dove voglia che uno guardi , le galassie distanti si stanno allontanando da noi.
O in altre parole, l'universo si sta espandendo.

SH:" Questo significa che in epoche anteriori gli oggetti sarebbero dovuti essere più uniti tra loro.

In realtà, sembra che ci fu un tempo, circa dieci o venti mille milioni di anni fa, in cui tutti gli oggetti stavano esattamente nello stesso posto, e in quel tempo, pertanto, la densità dell'universo risultasse infinita.

Fu detta scoperta che finalmente portò la questione del principio dell'universo ai domini della scienza.

Le osservazioni di Hubble suggerivano che ci fu un tempo, chiamato il Big Bang [gran esplosione o esplosione primordiale] in cui l'universo era infinitesimamente piccolo ed infinitamente denso.

Fissate tali condizioni in quel momento, tutte le leggi della scienza, e, pertanto, ogni capacità di predizione del futuro, si sgretolerebbero.

Uno potrebbe dire che il tempo abbia la sua origine nel big bang, nel senso che i tempi anteriori semplicemente non sarebbero definiti.

Uno può immaginarsi che Dio creò l'universo e contestualmente, qualunque istante di tempo.

Al contrario, se l'universo si stesse espandendo, potrebbero esistere poderose ragioni fisiche affinché debba esserci un principio.

Uno potrebbe immaginarsi ancora che Dio creò l'universo nell'istante del big bang, ma non avrebbe senso supporre che l'universo sia creato prima del big bang.

L'Universo in espansione non esclude l'esistenza di un creatore, ma stabilisce limiti su quando questo porterà a termine la sua missione!

AH:" Per me i più grandi geni sono stati Galileo e Newton. In un certo senso mi sembrano formare un'unita nella quale è stato Newton a compiere l'impresa più prodigiosa in campo scientifico.

Nella stessa persona erano riuniti lo sperimentatore, il teorico, l'artigiano e, in misura non minore, il maestro nell'arte di esporre.

Newton fu il primo che riuscì a trovare una base chiaramente formulata dalla quale poter dedurre un gran numero di fenomeni mediante il ragionamento matematico, logico quantitativo e in armonia con l'esperienza.

Le sue idee lungimiranti e grandiose conserveranno per tutti i tempi il loro significato unico; su di esse si basa l'intero edificio dei nostri concetti nell'ambito delle scienze della natura."

RB: "Fino a quando arrivò Lei con la sua equazione più famosa al mondo ...E=mc 2 ... Anche coloro che non hanno alcuna conoscenza della fisica conoscono questa equazione e sono consapevoli della sua prodigiosa influenza nel mondo in cui viviamo.

La maggior parte delle persone non ne coglie tuttavia il significato.

In parole semplici, questa equazione descrive la relazione esistente fra l'energia e la materia, facendoci dedurre in sostanza che l'energia e la materia sono interscambiabili.

Questa equazione apparentemente così semplice ha cambiato per sempre il modo di considerare l'energia, fornendoci la base per giungere a molte delle tecnologie avanzate di cui disponiamo attualmente.

Com'è nata la sua famosa formula?"

AE: "Ero seduto nell'ufficio brevetti a Berna quando all'improvviso mi ritrovai a pensare: se una persona cade

liberamente, non avverte il proprio peso. Sobbalzai.
Questo pensiero semplice mi colpi profondamente e mi spinse
verso una teoria della gravitazione.

Dalla teoria della relatività consegue che la massa e l'energia
sono entrambi manifestazioni diverse di una stessa cosa, una
visione abbastanza insolita per la persona media.

Inoltre e=mc2 in cui l'energia è uguale alla massa moltiplicata
per la velocità della luce al quadrato ha mostrato che una
piccolissima quantità di massa può essere convertita in una
grandissima quantità di energia, cioè che la massa e l'energia
sono di fattori equivalenti.

RB: "Mi faccia un esempio per capire."

AE: "Un'ora seduto su una panca in un parco insieme a una
bella ragazza passa come se fosse un minuto, mentre un minuto
seduto su una stufa bollente sembra un'ora."

SH: "La teoria di Albert ha rivoluzionato le nostre idee di
spazio e tempo.

In altri termini la teoria della relatività ha messo fine all'idea
del tempo assoluto. Mi spiego meglio.

La teoria della relatività ci costringe a modificare radicalmente
le nostre idee dello spazio e tempo.

Noi dobbiamo accettare l'idea che il tempo non sia separato

completamente dallo spazio e da esso indipendente, ma che sia combinato con esso a formare un'identità chiamata spaziotempo.

Nella relatività non c'è alcuna distinzione reale fra le coordinate spaziali e la coordinata temporale, così come non c'è alcuna reale differenza fra due coordinate spaziali quali si vogliano.

Nella teoria della relatività non esiste un unico tempo assoluto, ma ogni singolo individuo ha una propria personale misura del tempo, che dipende da dove si trova e da come si sta muovendo.

Pensate come potrebbe essere possibile compiere viaggi nel passato.
Anche se questa potrebbe essere una bella cosa per gli scrittori di fantascienza, significherebbe però anche che non sarebbe mai sicura la vita di nessuno: qualcuno potrebbe infatti andare nel passato e uccidere tuo padre o tua madre prima che tu fossi concepito! "

RB: "Quindi una bella scoperta!"

AE: "Scoperta? L'uso della parola scoperta in sé va deprecato. Infatti scoprire significa diventare consapevole di una cosa che già esiste; è collegato alla verifica la quale non ha più il carattere della scoperta ma, in ultima analisi, riguarda i mezzi che portano ad essa.

La scoperta, insomma, non è un atto creativo.

Quell'aspetto del sapere non ancora messo a nudo dà al ricercatore una sensazione simile a quella provata dal bambino quando cerca di fare propria la maestria con la quale gli adulti manipolano le cose.

Vedete, l'adulto normale non sta mai a scervellarsi sui problemi dello spaziotempo.

Per lui, tutto quello che c'è da pensare sull'argomento è già stato pensato quando era bambino.

Io invece sono cresciuto così tardi che ho cominciato a interrogarmi sullo spazio e sul tempo soltanto da adulto.

Di conseguenza ho indagato il problema più a fondo di come avrebbe fatto un normale bambino."

Ridiamo.

RB: "Dalla sua scoperta è nato tutto. Intendo.... "

AE: "Io non mi considero il padre dell'energia atomica. La mia parte in questo campo e' stata molto indiretta. Non ho previsto, infatti, che si potesse produrre l'energia atomica nel corso della mia vita, ma soltanto che era possibile in teoria.

La sua produzione e' diventata fattibile grazie alla scoperta accidentale della reazione a catena, e questo non e' un fatto che io avrei potuto prevedere.

L'uomo ha scoperto la bomba atomica, però nessun topo al mondo costruirebbe una trappola per topi.

Io non credo che la civiltà verrà distrutta in una guerra combattuta con la bomba atomica.

Potranno forse morire i due terzi degli abitanti della terra.

Ma si salverebbero un numero sufficiente di uomini senziente e di liberi per ricominciare tutto da capo, e la civiltà potrebbe venir ricostruita.

La responsabilità è di chi fa uso di questi nuovi strumenti e non di chi contribuisce al progresso della conoscenza; è dei politici, quindi, e non degli scienziati."

RB: "Dott.Hawking, mi spiega cos'è l'universo?"

SH: "Non c'è nulla di più grande ed antico dell'universo. Da dove veniamo? Come l'universo è venuto ad esistere? Siamo soli nell'universo? C'è vita aliena là fuori? Qual è il futuro della razza umana?

Fino agli inizi del ventesimo secolo si pensava che l'universo fosse essenzialmente statico e immutabile nel tempo.

Poi si scoprì che l'universo si stava espandendo.

Che le galassie lontane si stavano allontanando da noi.

Questo significa che in passato dovevano essere state più vicine tra loro.

Se estrapoliamo i dati all'indietro, le galassie dovevano essere state tutte le une sulle altre circa 15 miliardi di anni fa.

Questo era il Big Bang, l'inizio dell'universo.

RB:" Ma esisteva qualcosa prima del Big Bang? Se no, cosa ha creato l'universo? Perché l'universo emerse dal Big Bang e in che modo lo fece?"

SH:" Siamo soliti pensare che la teoria dell'universo possa essere divisa in due parti.

Primo ci sono delle leggi come l'equazione di Maxwell e la relatività generale che determinarono l'evoluzione dell'universo dando origine allo spazio tutto in una sola volta e secondo, non c'era nessuna domanda sull'iniziale stato dell'universo.

Abbiamo fatto dei progressi sulla prima parte ed ora abbiamo la conoscenza dell'universo.
In tutte le condizioni più estreme.

Ma fino a poco tempo fa avevamo poche idee sulla condizione iniziale dell'universo.

Comunque questa divisione delle leggi dell'evoluzione e le condizioni iniziali dipendono dal tempo e dallo spazio essendo separati e distinti sotto estreme condizioni, la teoria della relatività generale e la teoria dei quanti , permettono al tempo di comportarsi come un'altra dimensione dello spazio.

Questo elimina la distinzione tra tempo e spazio e questo significa che le leggi dell'evoluzione possono anche determinare lo stato iniziale.

L'universo può creare spontaneamente sé stesso dal nulla.

Inoltre possiamo calcolare la probabilità che l'universo sia stato creato in diversi stadi"

RB:" Mi spiega meglio questa idea della nascita dell'universo?"

SH:" La teoria della relatività generale e la meccanica quantistica sono le due grandi conquiste intellettuali della prima meta del xx secolo.

La teoria di Albert descrive la forza di gravità e la struttura dell'universo su larga scala, la meccanica quantistica d'altro lato, si occupa dei fenomeni che accadono su scala estremamente ridotta.

Cercherò di essere breve e diretto nella spiegazione.

Come detto prima, Aristotele come Newton credevano nell'esistenza di un tempo assoluto.

Essi ritenevano fosse possibile misurare inequivocabilmente l'intervallo di tempo tra due eventi e che questo intervallo sarebbe stato lo stesso per chiunque lo avesse misurato.

A differenza dello spazio assoluto, il tempo assoluto era compatibile con le leggi di Newton, nel corso del xx secolo i fisici hanno compreso che avrebbero dovuto cambiare le loro idee sia sullo spazio, sia sul tempo.

Scoprirono che l'intervallo tra due eventi dipende dall'osservatore.

Hanno inoltre scoperto che il tempo non è completamente separato e indipendente dallo spazio.

La chiave che ha aperto la strada a queste scoperte è stata la nuova comprensione delle proprietà della luce.

Il fatto che la luce si propaghi ad una velocità finita, anche se elevatissima, venne scoperto nel 1676 dall'astronomo danese Ole Christensen Romer.

Nel 1865 però un fisico britannico Jemase Clerk Maxwell riuscì a unificare le teorie parziali, che fino ad allora erano state usate per descrivere le forze dell'elettricità e del magnetismo .

Le equazioni di Maxwell predicevano che nel campo elettromagnetico potevano verificarsi delle perturbazioni simili a onde, le quali si sarebbero propagate a una velocità fissa.

Calcolando la velocità vide che corrispondeva esattamente alla velocità della luce.

RB: "Ho letto di una teoria dell'etere in proposito"

SH"Sì, al fine di conciliare la teoria di Maxwell con le leggi di Newton venne ipotizzata l'esistenza di una sostanza chiamata etere, che avrebbe dovuto essere presente in ogni luogo.

Nel 1887 Michelson e Morley eseguirono un esperimento molto preciso per cercare di misurare l'etere nel loro laboratorio mentre la terra ruota intorno al sole, in pratica misurate entrambe le direzioni verso ed indietro ad una sorgente luminosa, scoprirono che la velocità della luce in entrambe le direzioni era esattamente la stessa.

E qui Albert spiega tu cosa è successo...

AE: "Successe che un impiegato sconosciuto pubblicò un articolo nel 1905 sottolineando che non vi era alcun bisogno di postulare l'esistenza dell'etere, a condizione che si fosse disposti ad abbandonare l'idea di un tempo assoluto....

SH:" Il postulato fondamentale della teoria della relatività asseriva che le leggi della scienza dovrebbero essere le stesse per tutti gli osservatori che si muovano liberamente a prescindere dalla loro velocità"

AE:" Il requisito per cui tutti gli osservatori debbano trovarsi d'accordo nella misurazione della velocità della luce ci costringe a cambiare il nostro concetto di tempo..."

SH:" La fine del tempo assoluto...e non solo...ci costringe a modificare radicalmente la nostra concezione dello spazio e del tempo.
Cioè dobbiamo accettare l'idea secondo la quale il tempo non è completamente separato dallo
spazio e da esso indipendente ma al contrario è congiunto ad esso in un'unica
entità indicata come spaziotempo."

AE:" Nello spaziotempo della relatività ogni evento può essere indicato per mezzo di quattro numeri o coordinate."

SH: "L'idea rivoluzionaria della teoria di Albert è che la gravita non è una forza come le altre, bensì una conseguenza del fatto che lo spaziotempo non è piatto ma incurvato dalla distribuzione della massa e dell'energia in esso presenti.

Nella relatività generale i corpi seguono sempre le geodetiche nello spazio tempo quadrimensionale. In assenza di materia queste linee rette nello spaziotempo quadrimensionale corrispondono a delle linee rette anche nello spazio bidimensionale.

In presenza di materia invece ciò viene distorto e fa sì che nello spazio tridimensionale i corpi risultino seguire delle traiettorie curve.

Un'altra predizione della teoria della relatività generale afferma che in prossimità di un corpo di massa elevata lo scorrere del tempo dovrebbe apparire più lento"

AH: "Dedussi questo in base al principio di equivalenza che nella mia teoria gioca lo stesso ruolo del postulato fondamentale ...ovverosia che le leggi della scienza dovrebbero essere le stesse per tutti gli osservatori che si muovano liberamente a prescindere dalla loro velocità ... per dirla in maniera semplice il principio di equivalenza estende questo postulato anche agli osservatori che
non si muovano liberamente ma si trovino sotto l'influenza di un campo gravitazionale..."

SH:" Albert si servì dell'equivalenza di massa inerziale e massa gravitazionale per derivare il proprio principio di equivalenza e, in ultima analisi, l'intera relatività generale: tutto questo suo rigoroso procedimento deduttivo, basato su una ferrea logica, non trova eguali nella storia del pensiero umano"

AE:" Ohhh mi lusinghi Steve..."

SH:" Negli anni che seguirono la scoperta dell'esistenza di altre galassie, Hubble dedicò il suo tempo a catalogare le distanze e ad osservare gli spettri delle galassie.

In quell'epoca, la maggior parte della gente pensava che le galassie si muovessero in forma abbastanza aleatoria, per quello si sperava di trovare tanti spettri con spostamento verso l'azzurro, come verso il rosso.

Fu una sorpresa assoluta, pertanto, trovare che la maggioranza delle galassie presentavano un spostamento verso il rosso: tutte si stavano allontanando quasi da noi!

Perfino più sorprendente fu ancora il ritrovamento che Hubble pubblicò nel 1929: neanche lo spostamento delle galassie verso il rosso è aleatorio, ma è direttamente proporzionale alla distanza che ci separa da esse o, detto con altre parole, quanto più lontano sta una galassia, a maggiore velocità si allontana da noi!

Questo significa che l'universo non può essere statico, come tutto il mondo aveva creduto prima, ma in realtà si sta espandendo.

La distanza tra le differenti galassie sta aumentando continuamente.

La scoperta che l'universo si sta espandendo è stata una delle grandi rivoluzioni intellettuali del secolo xx.

Il fisico e matematico russo Alexander Friedmann si mise pensare di spiegarlo.

Friedmann fece due supposizioni molto semplici sull'universo: che l'universo sembra lo stesso da qualunque direzione venga osservato, e che anche ciò sarebbe certo se venisse osservato da qualunque altro posto.

A partire da questi due idee Friedmann dimostrò che non si dovrebbe sperare che l'universo sia statico.

In realtà, nel 1922, vari anni prima della scoperta di Edwin Hubble, Friedmann predisse esattamente quello che Hubble trovò!

La supposizione che l'universo sembra lo stesso in tutte direzioni, non è certo nella realtà.

Così, l'universo sembra essere approssimativamente lo stesso in qualunque direzione, purché sia analizzato in grande scala, comparata con la distanza tra galassie, e si ignorino le differenze in piccola scala.

Per molto tempo, questa fu la giustificazione sufficiente per la supposizione di Friedmann, presa come un avvicinamento grossolano al mondo reale.

Ma recentemente, un fortunato incidente rivelò che la supposizione di Friedmann è in realtà una descrizione straordinariamente esatta del nostro universo.

Nel 1965, due fisici nordamericani dei laboratori della Bell Telephone in Nuovo Jersey, Arno Penzias e Robert Wilson, stavano provando un rivelatore di microonde eccessivamente sensibile.
(le microonde sono uguali alle onde luminose, ma con una frequenza dell'ordine di solo
diecimila milioni di onde per secondo.)

Penzias e Wilson si sorpresero di trovare che il loro rivelatore captava più rumore di quello sperato. Il rumore non sembrava provenire da nessuna direzione in questione.

Essi sapevano che qualunque rumore proveniente da dentro l'atmosfera sarebbe meno intenso quando il rivelatore fosse diretto verso l'alto che quando non lo fosse, poiché i raggi luminosi attrarrebbero molta più atmosfera quando si riceverebbero da vicino all'orizzonte che quando si riceverebbero direttamente da sopra.

Il rumore extra era lo stesso per qualunque direzione dalla quale si osservasse, in modo che doveva provenire dell'atmosfera.

Il rumore era anche lo stesso durante il giorno, e durante la notte, e durante tutto l'anno, malgrado la Terra girasse sul suo asse ed attorno al Sole.

Questo dimostrò che la radiazione doveva provenire da oltre il sistema solare, e perfino da oltre la nostra galassia, perché altrimenti sarebbe variata anche quando il movimento della Terra segnava differenti direzioni.

In realtà, sappiamo che la radiazione ha dovuto viaggiare fino a noi attraverso la maggior parte dell'universo osservabile, e dato che sembra essere la stessa in tutte le direzioni, l'universo deve essere anche lo stesso in tutte le direzioni, per lo meno a gran scala.

Attualmente, sappiamo che in qualunque direzione noi

guardiamo, il rumore non varia mai più di una parte in diecimila.

Così, Penzias e Wilson si imbatterono inconsciamente in una conferma straordinariamente precisa della prima supposizione di Friedmann.

Nonostante il successo del suo modello e delle sue predizioni delle osservazioni di Hubble, il lavoro di Friedmann continuò ad essere ignorato nel mondo occidentale, fino a che, nel 1935, il fisico nordamericano Howard Robertson ed il matematico britannico Arthur Walker crearono modelli simili in risposta alla scoperta per Hubble dell'espansione uniforme dell'universo.

Benché Friedmann ne trovasse nella sua teoria solo uno, esistono in realtà tre tipi di modelli che ubbidiscono alle due supposizioni fondamentali di Friedmann.

Tutte le soluzioni di Friedmann condividono il fatto che in qualche tempo scorso, dieci e venti mila milioni di anni fa, la distanza tra galassie vicine sia stata zero.

In quell'istante che chiamiamo Big Bang, la densità dell'universo e la curvatura dello spaziotempo sarebbero state infinite.

Dato che la matematica non può maneggiare realmente numeri infiniti, questo significa che la teoria della relatività generale, nella quale si basano le soluzioni di Friedmann, predice che c'è un punto nell'universo dove la teoria in sé collassa.

Tale punto è un esempio di quello che i matematici chiamano una singolarità.

In realtà, tutte le nostre teorie scientifiche sono formulate sotto la supposizione che lo spaziotempo è uniforme e quasi piano, in modo che esse smettono di essere applicabili alla singolarità del Big Bang, dove la curvatura dello spaziotempo è infinita.

Ciò significa che benché ci fossero avvenimenti anteriori al Big Bang, non potrebbero utilizzarsi per determinare quello che succederebbe dopo, poiché ogni capacità di predizione cederebbe nel Big Bang.

Ugualmente, se, come è il caso, sapessimo solo quello che è successo dopo il Big Bang, non potremo determinare quello che sia successo prima.

Dal nostro punto di vista, gli eventi anteriori al Big Bang non possono avere conseguenze, per quello che non dovrebbero fare parte dei modelli scientifici dell'universo.

RB:" Se non erro qui entra il gioco il principio di Heisenberg..."

SH:" Infatti Roberto. L'ipotesi quantica spiegò molto bene l'emissione di radiazione per corpi caldi, ma le sue applicazioni circa il determinismo non furono comprese fino a 1926, quando un altro scienziato tedesco, Werner Heisenberg, formulò il suo famoso principio di incertezza.

Per potere predire la posizione e la velocità future di una particella, bisogna essere capace di misurare con precisione la sua posizione e velocità attuali.

Il modo ovvio di farlo è illuminando con luce la particella.

Alcune delle onde luminose saranno disperse per la particella, quello indicherà la sua posizione.

Tuttavia, uno non potrà essere capace di determinare la posizione della particella con maggiore precisione che la distanza in due creste consecutive dell'onda luminosa, per quello che si deve utilizzare luce di molto breve longitudine di onda per potere misurare la posizione della particella con precisione.

Ma, secondo l'ipotesi di Planck, la particella non può usare una quantità arbitrariamente piccola di luce; deve usare come minimo un quanto di luce.

Questo quanto perturberà la particella, cambiando la sua velocità in una quantità che non può essere predetta.

Inoltre, quanto con maggiore precisione si misuri la posizione, minore sarà la longitudine di onda della luce che si necessiti e, pertanto, maggiore sarà l'energia del quanto ne debba usare.

Così la velocità della particella risulterà fortemente perturbata.

In altre parole, quanto con maggiore precisione si tenti di misurare la posizione della particella, con minore esattezza si potrà misurare la sua velocità, e viceversa.

Heisenberg dimostrò che l'incertezza nella posizione della particella, moltiplicata per l'incertezza nella sua velocità e per la massa della particella, non può essere mai più piccola di una certa quantità, che si conosce come costante di Planck.

Inoltre, questo limite non dipende dalla forma in cui uno sceglie di misurare la posizione o la velocità della particella, o del tipo di particella: il Principio di Incertezza di Heisenberg è una proprietà fondamentale, ineludibile, del mondo.

Il Principio di Incertezza ha profonde applicazioni sul modo che abbiamo di vedere il mondo.

Nacque così una nuova teoria chiamata Meccanica Quantica, basata nel Principio di Incertezza.

In questa teoria le particelle non possiedono mai posizioni e velocità definite, perché queste non potrebbero essere osservate.

Invece le particelle hanno un stato quantico che è una combinazione di posizione e velocità.

In generale, la Meccanica Quantica non predice un unico risultato di ogni osservazione.

Predice un certo numero di risultati possibili e ci dà le probabilità di ognuno di essi.

Cioè, se si realizzasse la stessa dosata su un gran numero di sistemi simili, con le stesse condizioni di partenza in ognuno di essi, si troverebbe che il risultato della misura sarebbe ad un certo numero di volte, B un altro numero differente di volte, e così via.
Si potrebbe predire il numero approssimato di volte che si otterrebbe il risultato A o il B, ma non si potrebbe predire il risultato specifico di una misura concreta.

Perciò, la Meccanica Quantica introduce un elemento inevitabile di incapacità di predizione, un'aleatorietà nella scienza.

AH:" Anche se avevo giocato nello sviluppo di queste idee e ricevetti il premio Nobel per la mia contribuzione alla teoria quantica, mi opposi fortemente a ciò... non accettare mai che l'universo fosse governato dal caso.

Le mie idee al riguardo sono riassunte nella famosa frase "Dio non gioca ai "dadi."

SH:" Si ma Alby hai sbagliato con quella frase... La considerazione dei buchi neri suggerisce infatti non solo che Dio gioca a dadi, ma che a volte ci confonde gettandoli dove nessuno li può vedere."

RB:" Ho letto che per spiegare le idee della nascita

dell'universo è necessario capire il modello del Big Bang "caldo."

Si dimostra che, come l'universo si espande, ogni materia o radiazione esistente in lui si raffredda.

Quando l'universo duplica il suo volume, la sua temperatura si diminuisce alla metà.

Dato che la temperatura è semplicemente una misura dell'energia, o della velocità media delle particelle, il raffreddamento dell'universo avrebbe un effetto di maggiore importanza sulla materia esistente dentro lui.

A temperature molto alte, le particelle si muoverebbero tanto in fretta che potrebbero vincere qualunque attrazione tra esse dovuta a forze nucleari o elettromagnetiche, ma man mano che si raffreddano si aspetterebbe che le particelle cominciassero a raggrupparsi .

SH:" Giusto, nello stesso Big Bang, si pensa che l'universo ebbe un volume nullo, e pertanto che fu infinitamente caldo.

Ma, come l'universo si espandeva, la temperatura della radiazione diminuiva.

Un secondo dopo il Big Bang, la temperatura sarebbe discesa circa diecimila milioni di gradi.

Quello rappresenta mille volte la temperatura nel centro del

Sole, ma temperature tanto alte come quella si capiscono nelle esplosioni delle bombe H.

In quello momento, l'universo avrebbe contenuto fondamentalmente fotoni, elettroni, neutrini, particelle eccessivamente leggere che sono colpite unicamente per la forza debole e per la gravità, e le sue antiparticelle, insieme ad alcuni protoni e neutroni.

Man mano che l'universo continuava ad espandersi e la temperatura scendendo, il ritmo nella quale gli elettroni e antielettroni si stavano producendo nelle collisioni sarebbe disceso sotto il ritmo nella quale si stavano stavano distruggendo.

Circa cento secondi dopo il big bang, la temperatura sarebbe discesa a mille milioni di gradi che è la temperatura all'interno delle stelle più calde.

A questi temperatura protoni e neutroni non avrebbero più energia sufficiente per vincere la forza di attrazione dell'interazione nucleare, ed avrebbero cominciato ad accordarsi insieme per produrre i nuclei di atomi di deuterio (idrogeno pesante che contengono un protone ed un neutrone).

I nuclei di deuterio si sarebbero accordati allora con più protoni e neutroni per formare nuclei di elio che contengono due protoni e due neutroni, ed anche piccole quantità di un paio di elementi più pesanti, litio e berillio.

Si può calcolare che nel modello di big bang caldo, attorno ad una quarta parte dei protoni ed i neutroni si sarebbe convertito in nuclei di elio, insieme ad una piccola quantità di idrogeno pesante e di altri elementi.

I restanti neutroni si sarebbero disintegrati in protoni che sono i nuclei degli atomi di idrogeno ordinari.

Questa immagine di una tappa precoce calda dell'universo le propose per la prima volta lo scientifico George Gamow in un famoso articolo scritto in 1948 con un suo alunno, Ralph Alpher

In un tentativo di trovare un modello dell'universo nel quale molte configurazioni iniziali differenti avrebbero potuto evolvere verso qualcosa di simile all'universo attuale, un scienziato dell'Istituto Tecnologico della Massachusetts, Alan Guth, suggerì che l'universo primitivo avrebbe potuto passare per un periodo di espansione molto rapida.

Questa espansione si chiamerebbe "inflazionaria", facendo capire che ci fu un momento in cui l'universo si espanse ad un ritmo crescente, invece di al ritmo decrescente al che lo fa oggigiorno.

In accordo con Guth, il raggio dell'universo aumentò dietro un milione di miliardi di miliardi, un 1 con trenta zeri, di volte in solo una piccolissima frazione di secondo.

Guth suggerì che l'universo cominciò a partire dal big bang in uno stato molto caldo, ma piuttosto caotico.

Queste alte temperature avrebbero causato che le particelle dell'universo stessero muovendosi molto rapidamente ed avessero energie alte.

Man mano che l'universo si espandeva, si raffreddava, le energie delle particelle scendevano.

Finalmente iniziò quello che si chiama una transizione di fase, e la simmetria tra le forze si romperebbe: l'interazione forte diventerebbe differente dalla forza debole ed elettromagnetica.

Guth suggerì che l'universo potrebbe comportarsi in forma analoga: la temperatura potrebbe stare sotto il valore critico senza che la simmetria tra le forze si rompesse.

Se questo succedesse, l'universo starebbe in un stato instabile, con più energia che se la simmetria fosse stata rotta.

Si può dimostrare che quell'energia extra speciale avrebbe un effetto anti- gravitatorio: avrebbe agito esattamente come la costante cosmologica che Albert introdusse nella relatività generale, quando stava tentando di costruire un modello statico dell'universo.

Dato che l'universo starebbe già espandendosi esattamente della stessa forma che nel modello del big bang caldo, l'effetto repulsivo di quella costante cosmologica avrebbe fatto sì che l'universo si espandesse sempre ad una velocità crescente.

L'idea dell'inflazione potrebbe spiegare anche perché c'è tanta materia nell'universo.

AE:" Vedi Roberto due cose sono infinite: l'universo e la stupidità umana, ma sull'universo ho ancora qualche dubbio!"

Ridiamo tutti.

RB:" Qual è stato il vostro obiettivo nella vita?"

SH: "Il mio obiettivo è semplice. È la completa comprensione dell'universo, perché è fatto così com'è e perché in effetti esiste. "

SH:" Noi viviamo la nostra vita quotidiana senza comprendere quasi nulla del mondo.

Ci diamo poco pensiero del meccanismo che genera la luce del Sole, dalla quale dipende la vita, della gravità che ci lega a una Terra che ci proietterebbe altrimenti nello spazio in conseguenza del suo moto di rotazione, o degli atomi da cui siamo composti e dalla cui stabilità fondamentalmente dipendiamo.

Se trascuriamo i bambini (i quali non sanno abbastanza per formulare le domande importanti), pochi di noi spendono molto tempo a chiedersi perché la natura sia così com'è; da dove sia venuto il cosmo, o se esista da sempre; se un giorno il tempo comincerà a scorrere all'indietro e gli effetti precederanno le cause; o se ci siano limiti ultimi a ciò che gli esseri umani possono conoscere. "

RB: "Mi fa un esempio?"

SH: "Supponiamo che l'inizio dell'universo fosse paragonabile al polo sud della
Terra, con i gradi di latitudine che svolgono il ruolo del tempo.

Man mano che si procede verso nord, i paralleli (cerchi di latitudine costante), che rappresentano
le dimensioni dell'universo, si dilaterebbero.

L'universo avrebbe origine come un punto al polo sud, ma il polo sud è del tutto simile a qualsiasi altro punto.

Chiedersi che cosa sia accaduto prima dell'inizio dell'universo non avrebbe più alcun senso, perché non c'è nulla a sud del polo sud. "

AE: "E qui arriviamo Roberto a chiederci qualcosa di importante..."

SH: "Nei tempi antichi, l'ignoranza dei comportamenti della natura induceva i popoli a inventare dei che presiedessero ogni aspetto della vita umana.

C'è una fondamentale differenza tra la religione, che è basata sull'autorità, e la scienza, che è basata su osservazione e ragionamento.

E la scienza vincerà perché funziona.

L'universo può crearsi dal nulla sulla base delle leggi della fisica.

È necessario appellarsi a Dio per accendere la miccia e mettere in moto il processo.

Servirsi di Dio come di una risposta alla domanda sull'origine delle leggi equivale semplicemente a sostituire un mistero con un altro.

Dio è il nome che le persone danno alla ragione di esistere.

Ma io penso che la ragione siano le leggi della fisica piuttosto che qualcuno con cui si possa avere una relazione personale.

Un Dio impersonale.

Non è necessario invocare l'intervento di Dio per accendere l'interruttore e far partire l'Universo.

Dio può esistere, ma la scienza può spiegare l'universo senza la necessità di un creatore.

Dico spesso che «Non c'è paradiso né aldilà per i computer rotti. È una fiaba per persone che hanno paura del buio».

Credo che la spiegazione più semplice sia che non esista Dio.

Nessuno ha creato l'universo e nessuno dirige il nostro destino.

Questo mi porta a una profonda consapevolezza che probabilmente non ci sono né il cielo ne' l'aldilà.

Abbiamo questa vita unica per apprezzare il grande disegno dell'universo e per questo, sono estremamente grato."

AE:" Vedi Roberto, in ogni vero studioso della natura c'è una sorta di riverenza religiosa: infatti non riesce assolutamente a immaginare di essere stato il primo ad aver escogitato i fili delicatissimi che collegano le sue stesse percezioni, però non posso immaginarmi un dio che ricompensi o punisca le sue creature o abbia una volontà del tipo che ci è dato di sperimentare in noi stessi.

Né posso e tanto meno voglio immaginare che l'individuo sopravviva alla sua morte fisica; lasciamo che siano le anime deboli, per paura o assurdo egoismo, ad accarezzare siffatti pensieri.

Però bisogna ricordarsi che la fonte principale degli attuali contrasti fra le sfere della religione e della scienza si trova nella concezione di un dio personale.

Questa idea del dio personale mi e' del tutto estranea e mi sembra perfino ingenua.

Se dio ha creato il mondo, non possiamo dire che si sia preoccupato molto di facilitarne la comprensione.

Non credo in un dio personale e non ho mai nascosto questa mia convinzione, anzi l'ho espressa chiaramente.

Se c'è in me qualcosa che si può definire sentimento religioso, e' proprio quella sconfinata ammirazione per la struttura del mondo nei limiti in cui la scienza ce la può rivelare.
Ecco la mia idea di dio: la convinzione profondamente emotiva della presenza di una razionalità suprema che si rivela nell'universo incomprensibile.
SH: " Prima di comprendere la scienza, è naturale credere che Dio abbia creato l'universo.

Ma ora la scienza offre una spiegazione più convincente.

Quello che intendo per "conosceremmo la mente di Dio" è che conosceremmo tutto quello che Dio conoscerebbe, se ci fosse un Dio, che non c'è. Io sono ateo".

RB: "La scienza senza la religione è zoppa; la religione senza la scienza è cieca. Universo e Dio. Dio e universo. Che cos'è l'universo per Dio?"

SH:" "Se riuscissimo a trovare la risposta a questa domanda, decreteremo il trionfo definitivo della ragione umana: giacché allora conosceremmo la mente di Dio.

Poiché ci definiamo intelligenti, anche se forse con motivi poco fondati, noi tentiamo di considerare l'intelligenza una conseguenza inevitabile dell'evoluzione, invece è discutibile che sia così.

Siamo solo una razza avanzata di scimmie su un pianeta minore di una stella molto media.

Ma possiamo capire l'universo. Questo ci rende qualcosa di molto speciale.

Noi oggi sappiamo che la nostra galassia è solo una delle centinaia di milioni di galassie che possiamo osservare con i moderni telescopi, contenenti ciascuna qualche centinaio di milioni di stelle...
Noi viviamo in una galassia... che ha un diametro di circa centomila anni-luce e compie un lento movimento di rotazione; le stelle situate nelle braccia della spirale orbitano attorno al suo centro con un periodo di varie centinaia di milioni di anni.

Il Sole è soltanto una comune stella gialla, di dimensioni medie, in prossimità del bordo interno di un braccio della spirale.

Abbiamo certamente percorso un bel tratto di strada dal tempo di Aristotele e Tolomeo, quando si pensava che la Terra fosse il centro dell'universo!

Quando capiremo la teoria delle stringhe, sapremo com'è nato l'universo.

Non sarà importante per il nostro modo di vivere, ma sarà importante per capire da dove veniamo e per capire cosa aspettarci di trovare dalle nostre ricerche."

RB:" Intende altre forme di vita? "

SH:" È possibile che là, tra le stelle, vi sia una specie progredita che sa che esistiamo, ma ci lascia cuocere nel nostro brodo primitivo.

Però è difficile che abbia tanti riguardi verso una forma di vita inferiore: forse che noi ci preoccupiamo di quanti insetti o lombrichi schiacciamo sotto i piedi?

Una spiegazione più plausibile è che vi siano scarsissime probabilità che la vita
si sviluppi su altri pianeti o che, sviluppatasi, diventi intelligente. "

RB:" Come si spiega dunque la mancanza di visitatori extraterrestri? "

SH:" Se gli alieni dovessero venire a farci visita, il risultato sarebbe come quando Colombo sbarcò in America: in quell'occasione non andò bene ai nativi americani.

In un universo infinito, deve esserci altra vita.
Non vi è dubbio più grande.
E' tempo di impegnarsi per trovare una risposta.

Potrebbe sperarsi quindi che, come avanzamento della scienza e della tecnologia, saremo finalmente capaci di costruire una macchina del tempo.

Ma se fosse così, perché non è ritornato ancora nessuno del futuro e ci ha detto come costruirla?

Potrebbero esistere buone ragioni affinché fosse imprudente affidare il segreto dei viaggi del tempo al nostro stato primitivo di sviluppo, ma, a meno che la natura umana cambi radicalmente, è difficile credere che qualche visitatore del futuro non ci scoprisse la torta.

Naturalmente, alcune persone rivendicheranno che le visioni di Ufo siano evidenze, che siamo visitati davvero da alieni o da gente del futuro.

Se gli alieni dovessero arrivare a trovarci dovrebbero poter viaggiare più rapidi della luce!

Tuttavia, credo che qualunque visita di alieni o genti del futuro sarà molto più evidente e, probabilmente, molto più scomoda.

Se essi decidessero di rivelarsi, perché farlo solo a quelli che non sono considerati testimoni affidabili?

Se stanno tentando di avvisarci di qualche gran pericolo, non risultano molto effettivi.

Una forma possibile di spiegazione dell'assenza di visitatori del futuro sarà dire che il passato è fisso perché l'abbiamo osservato ed abbiamo comprovato che non ha il tipo di curvatura necessario per permettere di viaggiare all'indietro dal futuro.

Al contrario, il futuro è ignorato e aperto, in modo che potrebbe avere la curvatura richiesta.

Ciò significherebbe che qualunque viaggio nel tempo sarebbe confinato al futuro.

Non ci sarebbe nessuna possibilità che il capitano Kirk e l'imbarcazione spaziale Enterprise si presentassero nel momento attuale.

Questo potrebbe spiegare perché nonostante non siamo stati invasi da turisti del futuro, ma non eviterebbe i problemi che sorgerebbero se uno fosse capace di ritornare dietro e cambiare la storia.

Supponi, per esempio, che una persona ritornasse indietro ed ammazzasse suo trisnonno quando questo era un bambino.

Ci sono molte versioni di questo paradosso, ma tutte sono essenzialmente equivalenti: si arriva a contraddizioni se si tiene la libertà di potere cambiare il passato.

Il nostro non è l'unico universo.
Anzi, la teoria predice che un gran numero di universi sia stato creato dal nulla.

La loro creazione non richiede l'intervento di un essere
soprannaturale o di un dio, in quanto questi molteplici universi
derivano in modo naturale dalla legge fisica: sono una
predizione della scienza"

RB:" Volevo condividere con voi un pensiero che recentemente
ho fatto durante un intervista.
Iniziava così... Paura e desiderio.

Questi sono i motivi che vengono utilizzati da quando esiste
l'uomo per creare cose per l'uomo stesso.
Il problema della società odierna è che l'essere umano, nel
passato considerato il punto topico, l'essere vivente più
straordinario sul pianeta è diventato nella società
contemporanea un consumatore.

Questa è la sua funzione oggi: essere il consumatore di prodotti
che sono oggi il fulcro della vita.

Da qualche mese stiamo assistendo al prossimo cambiamento
come è stato per secoli scorsi per la religione, si stanno
rendendo conto che il concetto della morte può essere una
scusante per far sì che da consumatori diventiamo noi stessi
prodotti.

I social network stanno proprio formando persone-prodotto.

E anche il cosiddetto bio-testamento, creato come se fosse una
rivincita sociale, metterà sicuramente la nostra società di fronte

a grandi dubbi su Dio, sulla scienza, sulla vita.

Mi sembra proprio, il bio-testamento, una buona scusante per dare una data di scadenza alle persone...come un prodotto insomma..."

SH:" Sai Roberto, la razza umana si definisce intelligente, anche se forse con motivi poco fondati.

Noi tentiamo di considerare l'intelligenza una conseguenza inevitabile dell'evoluzione, invece è discutibile che sia così.

I batteri se la cavano benissimo senza e sopravvivranno anche se la nostra cosiddetta intelligenza ci indurrà ad autodistruggerci in una guerra nucleare.

Non penso che la razza umana sopravvivrà nei prossimi mille anni, a meno che non viaggi nello spazio.

Lo scenario futuro non somiglierà a quello consolante definito da Star Trek, di un universo popolato da molte specie di umanoidi, con una scienza e una tecnologia avanzate ma fondamentalmente statiche.

Credo che invece saremo soli e che incrementeremo molto, e molto in fretta, la complessità biologica ed elettronica.

RB:" E quindi cosa consiglia di fare?"

SH:" Di dare un senso a ciò che vedi e di domandarti sempre

per quale
motivo tutto esiste. Sii sempre curioso."

AH: "Vero Steve!"

SH:" A parte la sfortuna di contrarre la mia grave malattia dei
motoneuroni, sono stato fortunato sotto quasi ogni altro
aspetto.

I miei consigli alle generazioni future sono fondamentalmente
quattro:

Uno, ricordatevi sempre di guardare le stelle, non i piedi.

Due, non rinunciate al lavoro: il lavoro dà significato e scopo
alla vita, che diventa vuota senza di esso.

Tre, se siete abbastanza fortunati a trovare l'amore, ricordatevi
che è lì e non buttatelo via.

Quattro, La vita sarebbe tragica se non fosse divertente.

E, dimenticavo: Il più grande nemico della conoscenza non è
l'ignoranza, è
l'illusione della conoscenza "

AH:" Qual è il significato della vita umana e più in generale
della vita di ogni creatura?

Essere religiosi significa avere la risposta a questo

interrogativo.

Voi chiedete: è giusto porsi questa domanda?

E io vi rispondo chi non attribuisce un significato alla propria vita e a quella delle altre creature e' non solo infelice ma anche poco dotato per la vita.

Se vuoi una vita felice devi dedicarla a un obiettivo, non alle persone o alle cose.

RB:" Ricerchiamo il mistero..."

AH:" L' eterno mistero del mondo è la sua comprensibilità, il fatto che sia comprensibile è un miracolo.

La cosa più importante e non smettere mai di interrogarsi.

La curiosità esiste per ragioni proprie.

Non si può fare a meno di provare riverenza quando si osservano i misteri dell'eternità, della vita, la meravigliosa struttura della realtà.

Basta cercare ogni giorno di capire un po' di quel mistero.

Non perdere mai una sacra curiosità!

La cosa più bella della vita è il suo lato misterioso.

È questo il sentimento profondo che si trova sempre nella culla dell'arte e della scienza pura.

Ogni minuto che passi arrabbiato perdi sessanta secondi di felicità.

Tutto è relativo.

Prendi un ultracentenario che rompe uno specchio: sarà ben lieto di sapere che ha ancora sette anni di disgrazie!"

SH:" Ricordatevi di guardare verso le stelle e non giù verso i vostri piedi.

Cercate di dare un senso a ciò che vedete e ponetevi delle domande su ciò che fa esistere l'universo.

Siate curiosi.

E per quanto la vita possa sembrare difficile, c'è sempre qualcosa che potete fare per farcela.

Ve lo dice uno che ha vissuto con la prospettiva di una morte prematura per gli ultimi 49 anni.

Non ho paura della morte, ma non ho fretta di morire.

Ci sono molte cose che voglio fare prima".

AH:" Roberto, una cosa: dì a tuo figlio Edoardo di non

preoccuparsi delle sue difficoltà in matematica: posso assicuragli che le mie sono ancora maggiori!!!

Mi danno un caloroso abbraccio.

AE:" Ci siamo divertiti...ancora una cosa prima che tu rientri nel tuo mondo: Steve la facciamo?"

SH:" Certo Alby..."

AE:" E ora Roberto vogliamo salutarti rompendo il muro del suono ..con la fantasia..."

Albert mima l'uso di una frusta...e Stephan produce il suono !!!!

Ridiamo.

Mi salutano.

Chiudo gli occhi.

Sono sveglio.

Sono a casa.

Tim mi osserva e ride.

E mi pone una domanda importante: "È un posto amichevole l'Universo?"

Secondo voi?

BIBLIOGRAFIA

Albert Einstein. Il costruttore di universi Vincenzo Barone - Laterza

Il significato della relatività-Il mondo come io lo vedo. Ediz. Integrale Albert Einstein - Newton Compton

I dieci geni che hanno cambiato la fisica e il mondo intero. Da Galileo Galilei ad
Albert Einstein, da Isaac Newton a Marie Curie... Rhodri Evans ,Brian Clegg - Newton Compton

Come io vedo il mondo-La teoria della relatività. Ediz. integrale Albert Einstein - Newton Compton

Pensieri, idee, opinioni. Ediz. Integrale Albert Einstein-Newton Compton

Albert Einstein e l'immagine scientifica del mondo Federico Laudisa - Carocci

Scienza e vita. Lettere (1916-1955) Albert Einstein ,Max Born ,Hedwig Born - Mimesis

Pensieri di un uomo curioso Albert Einstein - Mondadori

Einstein. La sua vita, il suo universo Walter Isaacson - Mondadori

Dove il tempo si ferma. La nuova teoria sui buchi neri Stephen Hawking - BUR

I cercatori dell'universo Lucy Hawking , Stephen Hawking - Mondadori

La natura dello spazio e del tempo Stephen Hawking , Roger Penrose - BUR

Dove il tempo si ferma. La nuova teoria sui buchi neri Stephen Hawking - Rizzoli

Il grande disegno Stephen Hawking , Leonard Mlodinow - Mondadori

Dal big bang ai buchi neri. Breve storia del tempo Stephen

Hawking - Rizzoli

Stephen Hawking. I buchi neri e la teoria del Big Bang edito - White Star

Dal big bang ai buchi neri. Breve storia del tempo Stephen Hawking - Rizzoli

Breve storia della mia vita Stephen Hawking - Mondadori

La teoria del tutto. Origine e destino dell'universo Stephen Hawking - Rizzoli

Il codice dell'universo Lucy Hawking , Stephen Hawking – Mondadori

Missione alle origini dell'universo Lucy Hawking , Stephen Hawking - Mondadori

Caccia al tesoro nell'universo Lucy Hawking , Stephen Hawking - Mondadori

La grande storia del tempo. Guida ai misteri del cosmo Stephen Hawking , Leonard Mlodinow - Rizzoli

Caccia al tesoro nell'universo Stephen Hawking , Lucy Hawking - Mondadori

La chiave segreta per l'universo Lucy Hawking , Stephen Hawking - Mondadori

Buchi neri e universi neonati. Riflessioni sull'origine e il futuro del cosmo Stephen Hawking - Rizzoli

L'universo in un guscio di noce   Stephen Hawking - Mondadori

Il cosmo di Einstein. Come la visione di Einstein ha trasformato la nostra comprensione dello spazio e del tempo Michio Kaku

www.ingramcontent.com/pod-product-compliance
Lightning Source LLC
Chambersburg PA
CBHW061202180526
45170CB00002B/915